Max Leppmeier

Der Tetraederkantenwinkel arccos (1/3)

Max Leppmeier

Der Tetraederkantenwinkel arccos (1/3)

Eine Elementarisierung am Einheitskreis mit einem Geleitwort von Prof. Dr. Dr. h.c. Albrecht Beutelspacher

Lehrbuchverlag

Imprint

Cover image: Vom Autor bereitgestellt

Publisher:
Der Lehrbuchverlag
is a trademark of
International Book Market Service Ltd., member of OmniScriptum Publishing Group
17 Meldrum Street, Beau Bassin 71504, Mauritius

Printed at: see last page
ISBN: 978-620-2-49078-8

Max Leppmeier

Der Tetraederkantenwinkel arccos $\left(\frac{1}{3}\right)$

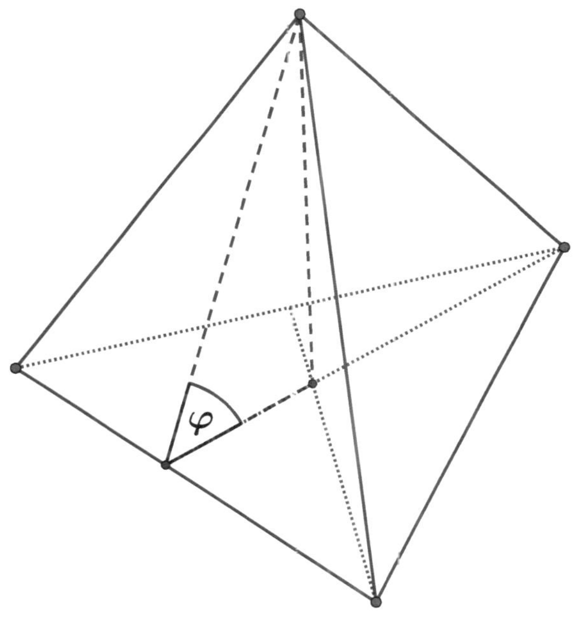

Eine Elementarisierung am Einheitskreis

mit einem Geleitwort von

Prof. Dr. Dr. h.c. Albrecht Beutelspacher

Herrn Dr. phil. Dr. med. Heinz Golling

gewidmet

Dr. Max Leppmeier

Lehrstuhl für Mathematik und ihre Didaktik

Universität Bayreuth

max.leppmeier@uni-bayreuth.de

Geleitwort

Beim Thema dieser Abhandlung könnte man an eine Karikatur der Mathematik denken. Es geht offenbar um eine ganz spezielle Sache, nämlich arccos(1/3), also den Winkel, dessen Cosinus (Ankathete durch Hypotenuse) gleich 1/3 ist. Das Maß dieses Winkels ist eine Zahl, und die ganze Arbeit dreht sich darum, dass dies eine irrationale Zahl ist.

Nun ist es klar, dass man eine unendliche Vielfalt von solchen Problemen formulieren könnte, und naiv würde man sagen: eines so uninteressant wie das andere.

Das hier behandelte Problem des arccos(1/3) ist aber außerordentlich interessant, und das aus drei Gründen.

- Es spielt eine Schlüsselrolle bei wichtigen (und schwierigen) klassischen Problemen.
- Die Irrationalität von arccos(1/3) ist der Weg zur Lösung dieser klassischen Probleme.
- Elementarisierung: Das Ziel dieser Arbeit ist es, elementare Beweise der Irrationalität von arccos(1/3) zu geben. Das zeigt

etwas Wesentliches der Mathematik: Mathematik hat immer den Zug zum Einfachen. Nicht weil wir es uns einfach machen, sondern weil wir uns auf den (oft schwierigen) Weg machen, die einfachen Gründe für ein komplexes Phänomen zu finden. Wenn es gelingt, einen solchen einfachen Grund zu finden, dann haben wir das Problem nicht nur gelöst, sondern verstanden.

Insofern lernt man in dieser Arbeit nicht nur ein Stück sehr schöne Mathematik kennen, sondern lernt implizit auch, wie Mathematik überhaupt funktioniert.

Gießen, im Juli 2019

Albrecht Beutelspacher

Vorwort

Sehr geehrte Leserin, sehr geehrter Leser,

vor Ihnen liegt ein Buch, das in vielfacher Weise zufällig entstanden ist.

Verschiedene Fragen aus der Theorie der infiniten Kugelpackungen führten mich zur Thematik der Zerlegungsgleichheit von Würfel und regulärem Tetraeder (drittes Hilbert´sches Problem), die für sich betrachtet bereits ein sehr spannendes Problem der Raumgeometrie darstellt.

Als ich mich intensiver mit der Frage der Elementarisierung des dritten Hilbert´schen Problems auseinandersetzte, liefen alle Beweis- und Elementarisierungspfade (Dehn-Invariante, Bricard-Bedingung nach Benko oder Wittmann) auf die Frage der Irrationalität von $\frac{1}{\pi}\arccos\frac{1}{3}$ hinaus. Für einen langen Moment hielt ich diese Frage für nicht substanziell elementarisierbar und auch nicht für wirklich reizvoll.

Erst als ich die abstrakte Parallelität zur Frage der Inkommensurabilität von 1 und $\sqrt{2}$ sah, war dies der Moment des Heureka in der Auffassung Gardeners. Naturgemäß habe ich all die vorausgegangenen Fehlversuche in dieser Arbeit nicht dokumentiert (was weder sokratisch noch genetisch in der Auffassung Wagenscheins ist), sondern nur die Leichtigkeit der gelungenen Elementarisierungen.

Sie wären nicht entstanden ohne die wertvollen Anregungen durch Herrn Prof. Dr. Dr. h.c. Beutelspacher und Herrn Prof. Dr. Ulm, denen ich dafür sehr herzlich danken möchte. Mein besonderer Dank geht an Herrn Dipl.-Math. Dr. Eric Müller für seine ideenreichen Anmerkungen zu meinem Manuskript, vor allem für seine Verallgemeinerung zu $\arccos\frac{\sqrt{m}}{\sqrt{n}}$, die auch in einer bemerkenswerten Leichtigkeit erscheint.

Dass schließlich bereits Ideen des Manuskripts für das Training der deutschen IMO-Mannschaft 2019 vorbereitet wurden, war nicht nur ein weiterer wertvoller Zufall, sondern motivierte mich, die erste Rohfassung nochmals zu überarbeiten, um dem Anspruch an ein Buch gerecht zu werden.

Gerne danke ich auch dem Lehrbuch-Verlag, namentlich Frau Olesea Conicov, für die unkomplizierte Zusammenarbeit.

Ich wünsche Ihnen viele spannende Momente des Heureka, wenn Sie nun auf den folgenden Seiten in einen mathematischen Dialog (in der Auffassung von Gallin und Ruf) mit $\arccos\frac{1}{3}$ treten werden.

Max Leppmeier

Inhaltsverzeichnis

1 Einleitung

Jedes Kind kennt die Sechsteilung eines Kreises mit dem Zirkel. Es kennt auch den Moment der Frage, ob sechs aneinandergereihte Kreissehnen exakt zum Ausgangspunkt führen oder nur ungefähr.

Wir betrachten hier die Aneinanderreihung der Sehnen eines Tetraederkantenwinkels und setzen uns mit der Frage auseinander, ob eine endliche Zahl aneinandergereihter Kreissehnen wieder zum Ausgangspunkt führen kann oder nicht (Kapitel 2).

Diese Frage ist bedeutsam für die Lösung des sog. dritten Hilbert´schen Problems und für die Thematik der Zerlegungsgleichheit von Polyedern: Sie bildet den algebraischen Kern der Zerlegungsungleichheit von regulärem Tetraeder und Würfel (Hilbert, 1900) (Dehn, 1900) (Aigner, et al., 2000) (Wittmann, 2012) (Aigner, et al., 2015) (Leppmeier, 2019).

Aigner und Ziegler nahmen den Tetraederkantenwinkel als besondere irrationale Zahl in ihr Buch der „perfekten Beweise“ auf (Aigner, et al., 2000 S. 33f.) (Aigner, et al., 2015 S. 56f.).

Wir führen in Kapitel 3 zwei unterschiedliche Elementarisierungszugänge zur Betrachtung von arccos $\left(\frac{1}{3}\right)$ aus: einen mit Hilfe eines Additionstheorems, das bis zu einer Strahlensatzfigur elementarisiert werden kann, und einen anderen mit Hilfe der Gauß´schen Zahlenebene und der allgemeinen binomischen Formel. Außerdem gelingt eine elementare Verallgemeinerung der in (Aigner, et al., 2000) angegebenen Aussage über arccos $\left(\frac{1}{\sqrt{n}}\right)$ auf arccos $\left(\frac{\sqrt{m}}{\sqrt{n}}\right)$.

Schließlich geben wir in Kapitel 4 einen Einblick in die Zerlegungsungleichheit von Würfel und Tetraeder.

2 Die geometrische Bedeutung von $\arccos\frac{1}{3}$

Die *Einteilung eines Kreises in sechs gleiche Sektoren* mit Zirkel und Lineal ist Teil der Elementargeometrie: Eine Kreissehne, die mit der Länge des Radius übereinstimmt, bildet zugleich die Seite eines gleichseitigen Dreiecks. Aus der Innenwinkelsumme und der Symmetrie des gleichseitigen Dreiecks folgt für den

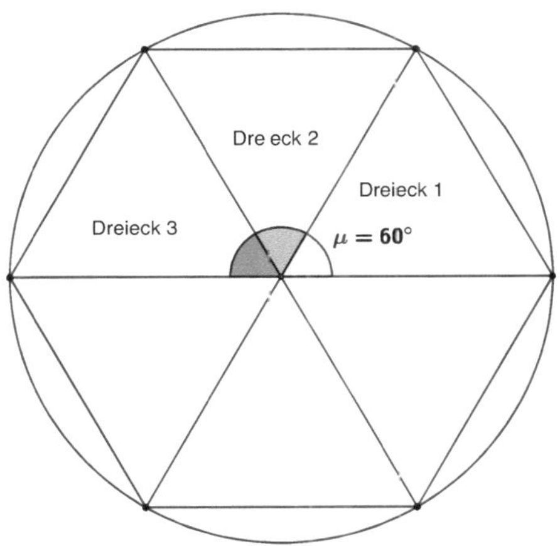

Abbildung 1 Kreisteilung

Mittelpunktswinkel der Kreissehne $\mu = 60°$. Sechs Kreissehnen ergeben daher exakt 360° und eine perfekte Kreisteilung (Abbildung 1).

Es liegt nahe, den *Tetraederkantenwinkel* φ *eines regulären Tetraeders* ähnlich wie den Mittelpunktswinkel $\mu = 60°$ zu behandeln. Wir betrachten dazu Abbildung 2: Im Dreieck ΔMXA erkennen wir den Tetraederkantenwinkel $\varphi = \measuredangle XMA$ wieder.

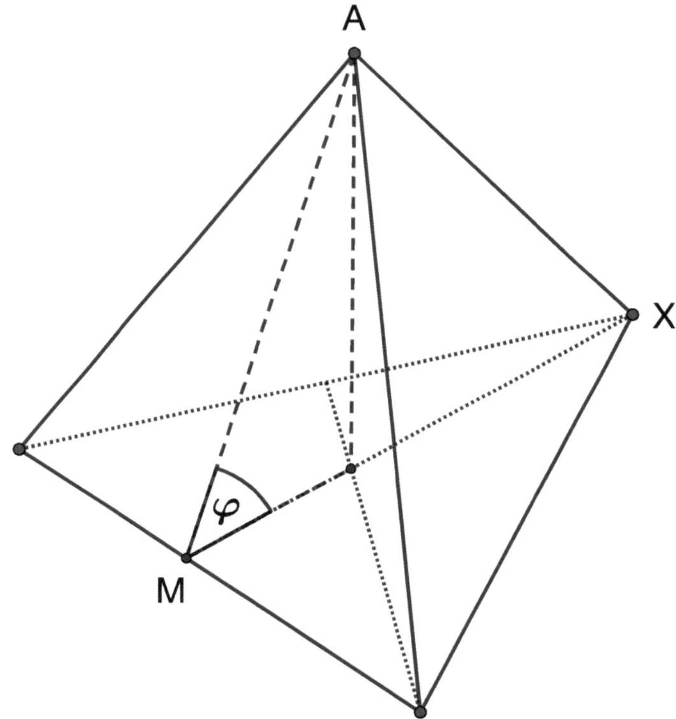

Abbildung 2 Tetraederkantenwinkel eines regulären Tetraeders

Ebenso wie das gleichseitige Dreieck zum Mittelpunktswinkel $\mu = 60°$ (Abbildung 1) können wir auch dieses Dreieck in der Ebene MXA um den Mittelpunkt M rotieren lassen (Abbildung 3).

Wir erkennen: Eine Tetraederkante definiert die Drehachse, die Mitte dieser Tetraederkante definiert den Drehpunkt M. Die gegenüberliegende Kante bildet dann auch hier eine Kreissehne XA, die in der mittelsenkrechten Ebene zur Drehkante liegt. Der Tetraederkantenwinkel $\varphi = \measuredangle XMA$ wird so zu einem Mittelpunktswinkel im Kreis $k(M, MX)$ mit Mittelpunkt M und Radius $MX = MA$ (Abbildung 3).

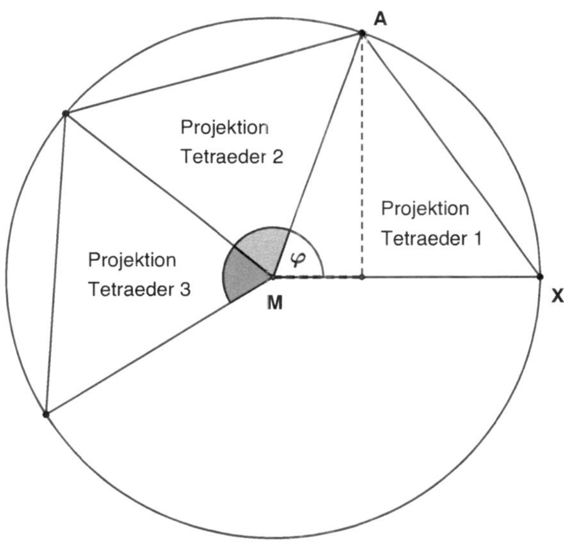

Abbildung 3 Tetraederkantenwinkel als Mittelpunktswinkel

Wir erkennen auch: Die Projektion des regulären Tetraeders in seine mittelsenkrechte Ebene (wir verstehen darunter die mittelsenkrechte Ebene durch eine Kante, hier: die Ebene MXA) ergibt ein gleichschenkliges Dreieck. Seine Basis ist die Kante des Tetraeders (hier: XA), seine Schenkel (hier: MX, MA) entstehen aus den Höhen zweier gleichseitiger Dreiecke, die zugleich Randflächen[1] des Tetraeders sind (Abbildung 2).

Die *Größe des Tetraederkantenwinkels* φ lässt sich durch eine elementargeometrische Überlegung bestimmen. Im Stützdreieck zum Kantenwinkel ist der Höhenfußpunkt des Tetraeders zugleich der Schnittpunkt der Seitenhalbierenden der Grundfläche (Abbildung 2). Die Ankathete beträgt also 1/3 der Hypotenuse. Damit erhalten wir:

$$\varphi = \arccos\frac{1}{3} \approx \ 70{,}5288°$$

Zur Betrachtung der Kreissehne XA zum Mittelpunktswinkel φ wenden wir uns wieder der Drehwinkelsituation zu (Abbildung 3). Zunächst ist die Länge der Sehne XA als Tetraederkantenlänge gegeben, der Radius MX kann in Abhängigkeit von $l(XA)$ bestimmt werden. Eine

---

[1] Für eine Randfläche eines Polyeders ist auch der Begriff „Facette" gebräuchlich.

elementargeometrische Überlegung (Höhe im gleichseitigen Dreieck) führt uns zu

$$l(MX) = \frac{1}{2}\sqrt{3} \cdot l(XA).$$

Für die nachfolgenden Betrachtungen ist es jedoch komfortabler, *im Bild des Einheitskreises* mit Radius $l(MX) = 1$ zu bleiben. Es empfiehlt sich daher eine Umskalierung mit dem Streckungsfaktor $\frac{1}{\frac{2}{3}\sqrt{3}}$.

Dann ist im rotierenden Dreieck ΔMXA die Schenkellänge 1 und die Basis $\frac{2}{3}\sqrt{3}$.

Zusammenfassend beträgt am Einheitskreis der *Mittelpunktswinkel* $\varphi = \arccos\frac{1}{3} \approx 70{,}5288°$ und die *Sehnenlänge* $\frac{2}{3}\sqrt{3}$.

Wie bei einer Kreisteilung mit einem gleichseitigen Dreieck (Abbildung 1) kann man auch hier in Gedanken zu ΔMXA kongruente Dreiecke rotierend aneinanderlegen. Sie sind in Abbildung 3 (entsprechend ihrer Entstehung) als Projektion Tetraeder 1, Projektion Tetraeder 2 usw. bezeichnet. Wiederum in Analogie zu Abbildung 1 erkennen wir eine geometrische Darstellung für die Summe $\varphi + \varphi + \varphi + \cdots$

Die *elementare Leitfrage* lautet nun: Erreicht man nach der lückenlosen Aneinanderreihung endlich vieler Tetraeder bzw. Kreissehnen mit Mittelpunktswinkel φ wieder den Ausgangspunkt (in der Vorstellung dürfen dabei die Tetraeder nach einem Umlauf einander durchdringen) – oder nicht?

Dabei ist klar, dass dies bei einem Mittelpunktswinkel von 70° problemlos ginge. Mit 36 Tetraedern hätte man genau 7 Umläufe und wäre exakt wieder am Ausgangspunkt: $36 \cdot 70° = 7 \cdot 360°$.

Selbst bei einem Mittelpunktswinkel von 70,5° ginge dies problemlos; man bräuchte nur einen etwas längeren Atem. 720 aneinander liegende Tetraeder ergäben 141 Umläufe, da $720 \cdot 70{,}5° = 141 \cdot 360°$. Wir erkennen, dass dieses Argument natürlich *für jedes rationale Winkelmaß in Grad* funktioniert.

Da es unerheblich ist, ob wir einen Umlauf in 360° messen oder uns auf einen halben Umlauf von 180° beschränken oder einen halben Umlauf im Bogenmaß durch π ausdrücken, können wir die Anzahl der halben Umläufe auch durch $\frac{\pi}{\arccos\frac{1}{3}}$ modellieren. Der reziproke Wert $\frac{\arccos\frac{1}{3}}{\pi}$ beschreibt damit den Anteil des Tetraederkantenwinkels bezogen auf einen gestreckten Winkel.

Die *geometrische Leitfrage* lautet daher: Ist das Gradmaß des Tetraederkantenwinkels rational? Oder: Ist das Bogenmaß des Tetraederkantenwinkels ein rationales Vielfaches von π? Oder: Ist $\frac{1}{\pi}\arccos\frac{1}{3}$ eine rationale Zahl?

3 Ein elementarer Beweis der Irrationalität von $\frac{1}{\pi}\arccos\frac{1}{3}$

Eine Elementarisierung des Beweises der Irrationalität von $\frac{1}{\pi}\arccos\frac{1}{3}$ kann auf mehreren Wegen gelingen.

Als Basis für unsere Betrachtungen dient der Beweis in (Aigner, et al., 2000), der in Abschnitt 3.1 vorgestellt wird.

Auf einem ersten Elementarisierungspfad wird dieser Beweis in Abschnitt 3.2 geometrisch elementarisiert. Für das Zusammenspiel zwischen Winkel am Einheitskreis und x-Koordinate kommt einem Additionstheorem der Kosinusfunktion eine Schlüsselrolle zu, das in 3.2.5 weiter elementarisiert wird. Außerdem wird in 3.2.4 eine Verallgemeinerung der Betrachtung von $\arccos\left(\frac{1}{3}\right)$ auf $\arccos\left(\frac{\sqrt{m}}{\sqrt{n}}\right)$ vorgestellt.

Lehrkräfte und Dozenten können dem deduktiven Aufbau folgen. Schülern empfehle ich, zunächst Abschnitt 3.1 zu überspringen und in Abschnitt 3.2 einzusteigen; hier wird die Kernidee entwickelt und erläutert. Auch 3.2.4 kann für ein grundlegendes Verständnis zunächst übersprungen werden.

Der algebraische Zugang in Abschnitt 3.3 ist als ergänzende Kür gedacht; er erfordert Grundkenntnisse über komplexe Zahlen und die Gauß'sche Zahlenebene, die für ein gewinnbringendes Lernerlebnis und eine personorientierte Begabungsförderung vorausgesetzt werden.

Eine kurze didaktische Betrachtung in 3.3.4 rundet das Kapitel ab.

3.1 Der Beweis in (Aigner, et al., 2000)

Wir geben hier den eleganten und allgemeinen Beweis aus „Proofs from the Book" wieder (Aigner, et al., 2000 S. 33f.).

Satz. Für jede ungerade natürliche Zahl $n \geq 3$ ist die Zahl $\frac{1}{\pi}\arccos\frac{1}{\sqrt{n}}$ irrational.

Beweis. Wir betrachten den Winkel $\varphi_n := \arccos\frac{1}{\sqrt{n}}$ im Intervall $0 \leq \varphi_n \leq \pi$.

Er ist definiert durch $\cos\varphi_n = \frac{1}{\sqrt{n}}$.

I. Dann gibt es für das k-fache ($k > 0$) des Winkels φ_n immer ein A_k, das ganzzahlig und nicht durch n teilbar ist, so dass gilt:

$$\cos k\,\varphi_n = \frac{A_k}{\sqrt{n}^k}$$

Dies sehen wir folgendermaßen: Mit dem Additionstheorem

$$\cos(\alpha) + \cos(\beta) = 2\cos\frac{\alpha+\beta}{2}\cos\frac{\alpha-\beta}{2}$$

erhalten wir für $\alpha = (k+1)\varphi$ und $\beta = (k-1)\varphi$ die Rekursionsformel

$$\cos(k+1)\,\varphi = 2\cos\varphi\,\cos k\varphi - \cos(k-1)\,\varphi.$$

Vollständige Induktion mit $A_0 = 1$ und $A_1 = 1$ ergibt mit der Formel für $\cos k\,\varphi_n$

$$\cos(k+1)\varphi_n = 2\frac{1}{\sqrt{n}}\frac{A_k}{\sqrt{n}^k} - \frac{A_{k-1}}{\sqrt{n}^{k-1}}$$

$$\cos(k+1)\varphi_n = \frac{2\,A_k - n\,A_{k-1}}{\sqrt{n}^{k+1}}.$$

Wir erhalten so die Rekursion

$$A_{k+1} = 2\,A_k - n\,A_{k-1}.$$

Da $n \geq 3$ und A_k nicht durch n teilbar ist, ist auch A_{k+1} nicht durch n teilbar.

II. Wir nehmen nun an, dass $\frac{1}{\pi}\varphi_n$ rational ist. Also gibt es natürliche Zahlen $k, l > 0$, so dass gilt:

$$\frac{1}{\pi}\varphi_n = \frac{l}{k}$$

Der Zusammenhang $k\varphi_n = l\pi$ führt zu[2]

$$\cos k\varphi_n = \cos l\pi$$

und damit zu

$$\frac{A_k}{\sqrt{n}^k} = \pm 1$$

$$A_k = \pm\sqrt{n}^k.$$

Für $k \geq 2$ gilt $n \left| \sqrt{n}^k \right.$ und damit auch $n|A_k$, was im Widerspruch zu I. steht.

Daraus folgt die Behauptung des Satzes. ■

Wir erkennen, dass der Satz für den Spezialfall $n = 9$ die Frage nach der Rationalität oder Irrationalität von $\frac{1}{\pi}\arccos\frac{1}{3}$ beantwortet: $\frac{1}{\pi}\arccos\frac{1}{3}$ ist irrational.

---

[2] Man sieht hier schön, dass man o. B.d.A. auch k und l geradzahlig wählen kann. Dies vereinfacht den Beweis zu:

$$\frac{A_k}{n^{k/2}} = 1$$

$$A_k = n^{k/2}$$

Für $k \geq 2$ gilt $n|n^{k/2}$ …

3.2 Ein geometrischer Zugang

Auf einem ersten Elementarisierungspfad betrachten wir den Tetraederkantenwinkel $\varphi = \arccos\frac{1}{3} \approx 70{,}5288°$ und seine Vielfachen $k\,\varphi$ $(k > 0)$ am Einheitskreis.

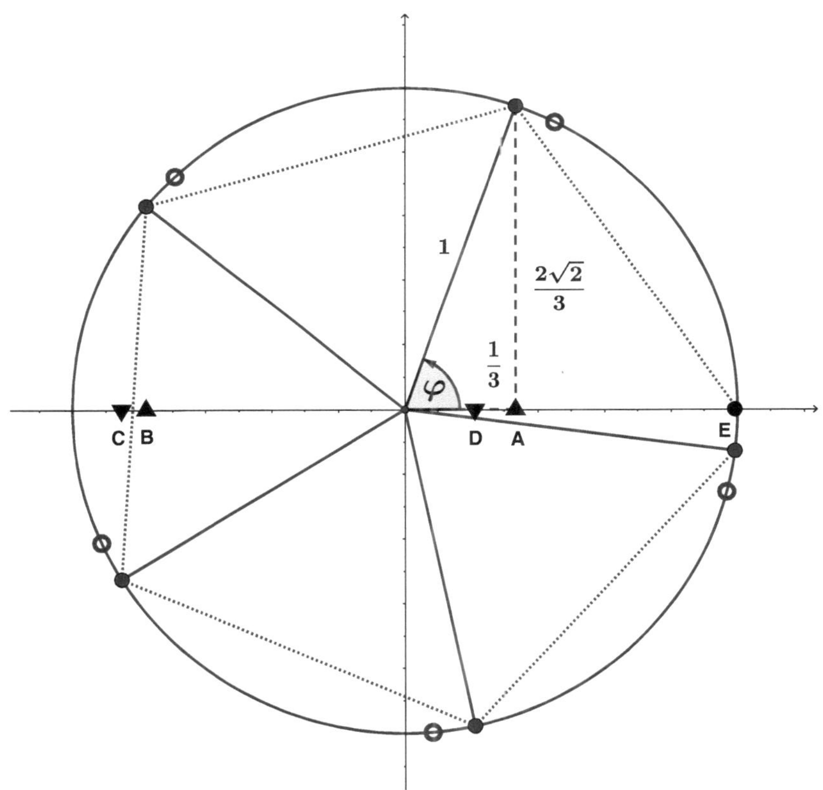

Abbildung 4 Situation am Einheitskreis

3.2.1 Experimentelle Betrachtung – Heuristik

Wir wissen aus Kapitel 2, dass die in Abbildung 4 dargestellte Situation am Einheitskreis auf einer Projektion von aneinandergelegten Tetraedern beruht. Wir erkennen in den durch ausgefüllte Kreise markierten Punkten die Enden der nacheinander abgetragenen Kreissehnen zum Tetraederkantenwinkel φ für einen „beinahe" geschlossenen Umlauf. Für einen zweiten Umlauf sind nur noch die Endpunkte der Kreissehnen durch nicht ausgefüllte Kreise eingezeichnet.

In einem weiteren Schritt projizieren wir nun den Einheitskreis (und den Tetraederkantenwinkel) auf die Abszisse (Abbildung 4). Dann lautet die Leitfrage: Landet die Projektion eines Kreissehnenendpunktes irgendwann wieder am Ausgangspunkt? Oder: Ist der Kosinuswert von $k\ \varphi$ irgendwann (wieder) exakt 1?

Dazu betrachten wir die Kosinuswerte in der Zeichnung auf experimentelle Weise:

Am Ausgangspunkt ist der Kosinuswert für $k = 0$ genau 1.

Nach einem Schritt ist er für $k = 1$ genau $l(OA) = \cos\varphi = \frac{1}{3}$.

Nach zwei Schritten ist er für $k = 2$ genau $l(OB) = \cos 2\varphi = \cdots = -\frac{7}{9}$.

Nach drei Schritten ist er für $k = 3$ genau $l(OC) = \cos 3\varphi = \cdots = -\frac{23}{27}$

usw.

Das Spiel der Kosinuswerte ist in Abbildung 4 für den ersten Umlauf eingetragen ((1,0), A, B, C, D, E), für den zweiten Umlauf ist es nur noch auf dem Einheitskreis durch die nicht gefüllten Punkte angedeutet. Wieder ist die entscheidende Frage: Landet man nach endlich vielen Umläufen exakt wieder am Ausgangspunkt (1,0)?

3.2.2 Ein geometrisch-induktiver Beweis

Wir beginnen wie beim Beweis von (Aigner, et al., 2000) (3.1) mit einer Betrachtung der Additionstheoreme für den Kosinus. Das entscheidende Additionstheorem (vgl. 3.2.5) ist

$$\cos(\alpha + \beta) + \cos(\alpha - \beta) = 2 \cos\alpha \cos\beta.$$

Seine Anwendung ergibt mit $\alpha = \varphi$ und $\beta = k\,\varphi$

$$\cos\big((k+1)\varphi\big) = 2 \cos\varphi \cos k\varphi - \cos\big((k-1)\varphi\big),$$

einen Rekursionsansatz, den wir wieder experimentell erschließen.

$$\cos(0) = 1$$
$$\cos(\varphi) = \cos\varphi$$
$$\cos(2\varphi) = 2\,(\cos\varphi)^2 - 1$$

$$\cos(3\varphi) = 2\ \cos\varphi\ 2\left((\cos\varphi)^2 - 1\right) - \cos\varphi$$

$$\cos(4\varphi) = 2\cos\varphi\left(2\ \cos\varphi\ 2\left((\cos\varphi)^2 - 1\right) - \cos\varphi\right)$$
$$- 2\,(\cos\varphi)^2 - 1$$

Wir erkennen spätestens hier, wie das Spiel läuft, und strukturieren unsere Beobachtung:

$$\cos(4\varphi) = 2\cos\varphi\ T_3(\cos\varphi) - T_2(\cos\varphi),$$

dabei stellen $T_3(\cos\varphi)$ bzw. $T_2(\cos\varphi)$ ganzzahlige Polynomterme vom Grad 3 bzw. 2 mit Leitkoeffizient 2^2 bzw. 2 in $\cos\varphi$ dar.

Es gilt noch mehr:

$$\cos(4\varphi) = T_4(\cos\varphi),$$

dabei stellt $T_4(\cos\varphi)$ ein ganzzahliges Polynom vom Grad 4 mit Leitkoeffizient 2^3 in $\cos\varphi$ dar.

Wir vermuten daher das folgende Lemma, das wir durch vollständige Induktion zeigen können.

Lemma. Es gilt für natürliche Zahlen $k > 0$ und einen beliebigen Winkel φ:

$$\cos\big((k+1)\varphi\big) = 2\ \cos\varphi\ T_k(\cos\varphi) - T_{k-1}(\cos\varphi)$$

und somit

$$\cos\big((k+1)\varphi\big) = T_{k+1}(\cos\varphi)$$

Dabei bezeichnet T_k ein Polynom mit ganzzahligen Koeffizienten und Leitkoeffizient 2^{k-1}.

Beweis. Mit vollständiger Induktion über k gelingt der Beweis des Lemmas. ■

Die Polynome T_k sind auch bekannt als sog. Tschebyschev-Polynome.

Bevor wir uns wieder dem Hauptthema zuwenden, fassen wir unsere bisherigen Erkenntnisse zusammen.

(1) Wir wissen, dass für den betrachteten Tetraederkantenwinkel gilt: $\cos\varphi = \frac{1}{3}$

Das war Voraussetzung.

(2) Wir wissen, dass für Vielfache des Tetraederkantenwinkels gilt:

$$\cos\big((k+1)\varphi\big) = 2 \cdot \frac{1}{3} \cdot T_k\left(\frac{1}{3}\right) - T_{k-1}\left(\frac{1}{3}\right)$$

bzw.

$$\cos\big((k+1)\varphi\big) = T_{k+1}\left(\frac{1}{3}\right)$$

Dabei haben die Polynome T_{k+1} den Leitkoeffizienten 2^k.

Dies ist der Inhalt des Lemmas.

Hier können wir schon die Lösung erahnen. Wenn φ ein rationales Vielfaches von π ist, ist es auch ein rationales Vielfaches von 2π. Jedenfalls gibt es ein $k > 0$, so dass $(k+1)\varphi$ ein Vielfaches von 2π ist.

Die linke Seite ergibt dann 1 (dies wurde schon thematisiert, vgl. Abbildung 4).

Die rechte Seite ist ein besonderer Term aus dem Grundbaustein $\frac{1}{3}$, der jedoch nie 1 ergeben kann. Das zeigen wir mit einem Widerspruchsbeweis:

Wir nehmen das Gegenteil an. Es sei:

$$T_{k+1}\left(\frac{1}{3}\right) = 1$$

Wir formulieren das Polynom explizit aus.

$$2^k \cdot \left(\frac{1}{3}\right)^{k+1} + z_k \cdot \left(\frac{1}{3}\right)^k + \cdots + z_0 = 1$$

$$(z_k, z_{k-1}, \dots, z_0 \in \mathbb{Z})$$

Hier sehen wir:

$$2^k \cdot \left(\frac{1}{3}\right)^{k+1} = 1 - z_k \cdot \left(\frac{1}{3}\right)^k + \cdots + z_0$$

Wir multiplizieren beide Seiten der Gleichung mit 3^k und erhalten:

$$2^k \cdot \frac{1}{3} = 3^k \cdot 1 - 3^k \cdot z_k \cdot \left(\frac{1}{3}\right)^k + \dots + 3^k \cdot z_0$$

Auf der rechten Seite der Gleichung ergibt sich immer eine ganze Zahl $z \in \mathbb{Z}$, und wir erhalten so:

$$2^k \cdot \frac{1}{3} = z$$

$$2^k = 3 \cdot z$$

Wegen der Eindeutigkeit der Primfaktorzerlegung in $\mathbb{Z}$ haben wir hier einen Widerspruch, die Aussage ist bewiesen.

Wir fassen zusammen. Es gilt der

Satz. Die Zahl $\frac{1}{\pi}\arccos\frac{1}{3}$ ist irrational.

Beweis. Wir haben uns bereits überlegt, dass $\frac{1}{\pi}\arccos\frac{1}{3}$ genau dann irrational ist, wenn die Abszisse einer endlichen Summe aus Tetraederkantenwinkeln exakt 1 ergibt. Das ist genau dann der Fall, wenn $\cos(n\varphi) = 1$ gilt.

Da wir oben gezeigt haben, dass dies wegen des Additionstheorems, der Rekursion, der Beschaffenheit der Tschebyschev-Polynome und der Teilbarkeitsregeln nicht eintreten kann, folgt die Behauptung. ∎

3.2.3 Interpretation des geometrisch-induktiven Beweises

Wir diskutieren das Ergebnis:

(1) Es bedeutet anschaulich, dass man nach dem in der Abbildung 4 gezeichneten „Kreistanz" nie mehr am Ausgangspunkt ankommt.

Die punktiert gezeichnete Sehnenlänge ist $\frac{2\sqrt{3}}{3} \approx 1{,}1547$.

Die Linkskomponente ist $\frac{2}{3}$, die Hochkomponente ist $\frac{2\sqrt{2}}{3}$. Im Bild des Tanzes ergäbe das die Schrittfolge.

Das Tanzparkett würde nie abgenutzt werden, da selbst bei einem unendlich lang dauernden Tanz jeder Punkt maximal einmal berührt werden würde.

In diesem Bild erkennen wir insbesondere eine logische Parallelität zur Inkommensurabilität von 1 und $\sqrt{2}$. Startet ein Läufer mit Schrittlänge $\sqrt{2}$ am Ursprung und läuft in Richtung der Abszisse, landet sein Fuß nie auf einer natürlichen Zahl.

„Linearer Lauf" und „Kreistanz" beschreiben daher das gleiche Phänomen: Mein persönliches Heureka!

(2) Wir sehen auch den algebraischen Grund dafür, dass wir nie mehr am Ausgangspunkt ankommen können.

Wir würden dazu eine Ergänzung der Ausgangsordinate von $\frac{1}{3}$ um $\frac{2}{3}$ auf 1 benötigen. Mit jedem Schritt nimmt jedoch der Nenner um eine Potenz zu. Im zweiten Schritt haben wir $\frac{x}{9}$, im dritten Schritt haben wir $\frac{y}{27}$, im vierten Schritt haben wir $\frac{z}{81}$ usw. (Dies ist eine Folge der nichtlinearen Additionseigenschaft des Kosinus, die wir oben betrachtet haben. Wenn man noch genauer hinsieht, liegt der Grund dafür in den komplexen Strahlensatzfiguren, die den Additionstheoremen zugrunde liegen, vgl. 3.2.5. Sie erzeugen gerade das quadratische Moment in den Additionstheoremen, das hier so schön erlebbar wird.) Das bedeutet, dass x ein Vielfaches von 3, y ein Vielfaches von 9, z ein Vielfaches von 27 sein müsste. Dies wird jedoch durch den Leitkoeffizienten 2 der Tschebyschev-Polynome T_k gerade verhindert.

Im zweiten Schritt haben wir

$$\cos(2\varphi) = 2\,(\cos\varphi)^2 - 1 = 2\cdot\left(\frac{1}{3}\right)^2 - 1 = 2\cdot\frac{1}{9} - 1 \neq \frac{6}{9},$$

da ja gerade $2 - 9$ nie ein Vielfaches von 3 und damit nie 6 ergeben kann.

Im dritten Schritt haben wir

$$\cos(3\varphi) = 2\ \cos\varphi\ 2\,((\cos\varphi)^2 - 1) - \cos\varphi$$
$$= 2\cdot\frac{1}{3}\cdot\left(2\left(\frac{1}{3}\right)^2 - 1\right) - \frac{1}{3} = 2\cdot\frac{1}{3}\cdot(\dots) - \frac{1}{3} \neq \frac{2}{3},$$

da $2\cdot(\dots) - 1$ ebenfalls nie 2 ergeben kann.

Im vierten Schritt haben wir

$$\cos(4\varphi) = 2\cos\varphi\,(2\ \cos\varphi\ 2\,((\cos\varphi)^2 - 1) - \cos\varphi)$$
$$- 2\,(\cos\varphi)^2 - 1$$
$$= 2\cdot\frac{1}{3}\cdot\left(2\cdot\frac{1}{3}\cdot\left(2\left(\frac{1}{3}\right)^2 - 1\right) - \frac{1}{3}\right) - 2\cdot\left(\frac{1}{3}\right)^2 - 1 \neq \frac{54}{81},$$

da der Leitkoeffizient $2\cdot 2\cdot 2$ nicht durch drei teilbar ist, obwohl er diese Eigenschaft besitzen müsste, was man sieht, wenn man die letzte Zeile mit $3\cdot 3\cdot 3\cdot 3 = 81$ durchmultipliziert.

Nun kann man die Betrachtung natürlich vereinfachen, indem man nach dem ersten Schritt nicht den Rest auf 1 betrachtet, sondern vom Ausgangspunkt aus das Ergebnis anvisiert. Das haben wir im Beweis getan.

Wir haben auch die Ungültigkeit der unendlich vielen Äquivalenzen nach dem Bildungsgesetz

$$\frac{1}{3} \neq 1$$

$$2\left(\frac{1}{3}\right)^2 - 1 \neq 1$$

$$2\cdot\frac{1}{3}\cdot\left(2\left(\frac{1}{3}\right)^2 - 1\right) - \frac{1}{3} \neq 1$$

$$2\cdot\frac{1}{3}\cdot\left(2\cdot\frac{1}{3}\cdot\left(2\left(\frac{1}{3}\right)^2 - 1\right) - \frac{1}{3}\right) - 2\cdot\left(\frac{1}{3}\right)^2 - 1 \neq 1$$

$$\ldots$$

gezeigt.

Damit sind wir am arithmetischen Urgrund der Ausgangsfragestellung und der Interpretation angelangt. Dies ist zugleich das elementare Geheimnis des Beweises von (Aigner, et al., 2000) (3.1) für die Irrationalität von $\frac{1}{\pi}\arccos\frac{1}{3}$.

(3) Auch eine Betrachtung der in Abbildung 4 auftretenden Zahlen ist sehr interessant. Eingangs wurde erwähnt, dass eine Sehnenlänge von 1 zu einem regulären Sechseck und zu einer perfekten Kreisteilung führt. Ebenso führt eine Sehnenlänge von $\sqrt{2}$ zu einem regulären Viereck (Quadrat) und wieder zu einer perfekten Kreisteilung. Dagegen erlaubt eine Sehnenlänge von $\frac{2\sqrt{3}}{3}$ keine Kreisteilung mehr. Der gleiche Sachverhalt gilt aus Ähnlichkeitsgründen auch für eine Sehnenlänge von $\sqrt{3}$. Wir sehen hier sehr schön einen Zugang zur algebraischen Frage der Kreisteilung im Zusammenhang mit einer Winkelinterpretation von $\sqrt{n}$.

(4) Das reguläre Fünfeck würde den Kreis auch schließen. Der Mittelpunktswinkel wäre hier 72°. Die Betrachtung der Seitenlänge überlassen wir dem Leser. Sie führt zur Thematik des Goldenen Schnittes (Beutelspacher, et al., 1996).

3.2.4 Verallgemeinerung für arccos $\frac{\sqrt{m}}{\sqrt{n}}$

Wir begründen in diesem Abschnitt noch en passant, dass man den für arccos $\frac{1}{3}$ vorgestellten Beweis weiter verallgemeinern kann. Eine erste Verallgemeinerung auf $\frac{1}{\sqrt{n}}$ für n ungerade und $n \geq 3$ kann man dem in 3.1 vorgestellten Beweis entnehmen.

Eine weitere Verallgemeinerung auf Zahlen der Bauart $\frac{\sqrt{m}}{\sqrt{n}}$ für n ungerade und $n > 1$, $m < n$ und teilerfremd zu n wurde von Herrn Dipl.-Math. Dr. Eric Müller gefunden:

Man erhält dann:

$$\cos k\,\varphi_n = \frac{A_k}{\sqrt{mn}^k}$$

$$A_{k+1} = 2\,m\,A_k - mn\,A_{k-1}$$

Diese Formeln gelten für beliebiges k.

Für gerades m vereinfachen sie sich zu (vgl. 3.1):

$$\cos k\,\varphi_n = \frac{A_k}{\sqrt{n}^k}$$

$$A_{k+1} = 2\,A_k - n\,A_{k-1}.$$

Mit dieser Kernidee lässt sich nun der folgende Satz (vgl. 3.1) formulieren und beweisen.

Satz. Für jede natürliche Zahl $n \in \mathbb{N} \setminus \{1,2,4\}$ und für jede natürliche Zahl $m < n$ und teilerfremd zu n ist die Zahl $\frac{1}{\pi} \arccos \frac{\sqrt{m}}{\sqrt{n}}$ irrational.

Beweis.

1. Fall. n ist ungerade und $n > 3$.

Wir betrachten den Winkel $\varphi := \arccos \frac{\sqrt{m}}{\sqrt{n}}$ im Intervall $0 \leq \varphi \leq \pi$.

Er ist definiert durch $\cos \varphi = \frac{\sqrt{m}}{\sqrt{n}}$.

I. Dann gibt es für das k-Fache $(k > 0)$ des Winkels φ immer ein A_k, das ganzzahlig und nicht durch n teilbar ist, so dass gilt:

$$\cos k\varphi = \frac{A_k}{\sqrt{mn}^k}$$

Dies sehen wir folgendermaßen: Mit dem Additionstheorem

$$\cos(\alpha) + \cos(\beta) = 2 \cos \frac{\alpha + \beta}{2} \cos \frac{\alpha - \beta}{2}$$

erhalten wir für $\alpha = (k+1)\varphi$ und $\beta = (k-1)\varphi$ die Rekursionsformel

$$\cos(k+1)\,\varphi = 2 \cos\varphi \cos k\varphi - \cos(k-1)\,\varphi.$$

Vollständige Induktion mit $A_0 = 1$ und $A_1 = m$ ergibt mit der Formel für $\cos k\varphi$

$$\cos(k+1)\varphi = 2\frac{\sqrt{m}}{\sqrt{n}}\frac{A_k}{\sqrt{mn}^k} - \frac{A_{k-1}}{\sqrt{mn}^{k-1}}$$

$$\cos(k+1)\varphi = \frac{2\,m\,A_k - mn\,A_{k-1}}{\sqrt{mn}^{k+1}}.$$

Wir erhalten so die Rekursion

$$A_{k+1} = 2m\,A_k - mn\,A_{k-1}.$$

Da $n > 1$, m teilerfremd zu n und A_k nicht durch n teilbar ist, ist auch A_{k+1} nicht durch n teilbar.

II. Wir nehmen nun an, dass $\frac{1}{\pi}\varphi$ rational ist. Also gibt es natürliche Zahlen $k, l > 0$, so dass gilt:

$$\frac{1}{\pi}\varphi = \frac{l}{k}$$

Der Zusammenhang $k\varphi = l\pi$ führt zu

$$\cos k\varphi \ = \cos l\pi$$

und damit zu

$$\frac{A_k}{\sqrt{mn}^k} = \pm 1$$

$$A_k = \pm\sqrt{mn}^k.$$

Für $k \geq 2$ gilt $n\left|\sqrt{n}^k\right.$ und damit auch $n|A_k$, was im Widerspruch zu I. steht.

2. Fall. n ist gerade, aber keine Zweierpotenz

(Beweisskizze) Es gibt also einen ungeraden Teiler u von n. Hier zeigt man wieder, dass $u \nmid A_k$. Es gilt aber außerdem $u \mid mn \mid A_k$. Widerspruch

3. Fall. $n > 4$ ist gerade und eine Zweierpotenz .

(Beweisskizze) Hier zeigt man mit Induktion, dass für $k > 1$ die Zahl 2 genau $k - 1$ Male in A_k als Faktor in der Primfaktorzerlegung vorkommt. Es ist aber außerdem $2^{3 \cdot \frac{k}{2}} \,\Big|\, mn^{\frac{k}{2}} \mid A_k$, aber A_k enthält den Primfaktor 2 weniger als $3 \cdot \frac{k}{2}$ Male. Widerspruch.

Daraus folgt die Behauptung des Satzes. ■

Der verallgemeinerte Satz gibt eine Antwort auf die faszinierende Umkehrfrage, für welche Kosinuswerte der Bauart $\frac{\sqrt{m}}{\sqrt{n}}$ die dazugehörigen Winkel rationale Vielfache von π sind. Es sind nicht viele.

Wir wissen auch, dass zum Kosinuswert $\frac{1}{\sqrt{2}}$ der Winkel $\frac{1}{4}\pi$ gehört. (Das ist absolut elementar.)

Wir wissen, dass zum Kosinuswert $\frac{1}{2} = \frac{1}{\sqrt{4}}$ der Winkel $\frac{1}{3}\pi$ gehört. (Das ist ebenso elementar.)

Hier erkennen wir auch schon die Kernidee oder den mathematischen Clou des Satzes: Für alle anderen Stammbrüche und Variationen der Form $\frac{\sqrt{m}}{\sqrt{n}}$ führen die Kosinuswerte zu irrationalen Bruchteilen von π.

Wir erwähnen noch zwei Aspekte:

Zum Kosinuswert $\frac{1}{\sqrt{3}}$ gehört der Winkel $\approx 54{,}7456° = \frac{1}{2} \cdot 109{,}4712° = 180° - 70{,}5288°$. Dieser Winkel ist algebraisch eng mit dem Tetraederkantenwinkel verwandt. Geometrisch zeigt er den Zusammenhang zwischen dem regulären Tetraeder und dem regulären Oktaeder und auch einen Aspekt einer dichtesten Kugelgitterpackung (Leppmeier, 2019).

Für zusammengesetzte Zähler ist die Situation nicht so leicht zu strukturieren. Beispielsweise führt der Kosinuswert $\frac{\sqrt{5}+1}{4}$ zum Winkel $\frac{1}{5}\pi$ oder zu 36° und damit (wieder) zum Goldenen Schnitt.

3.2.5 Elementarisierung des verwendeten Additionstheorems

Wir zeigen hier noch einen elementaren Beweis des in diesem Kapitel verwendeten Additionstheorems.

Satz. Für zwei Winkel α und β gilt:

$$\cos(\alpha + \beta) + \cos(\alpha - \beta) = 2\cos\alpha\cos\beta$$

Beweis. Auf dem Einheitskreis mit Ursprung O liegen der Punkt $P(\cos\alpha; \sin\alpha)$ und die Punkte S und T mit $\angle POS = \angle TOP = \beta$.

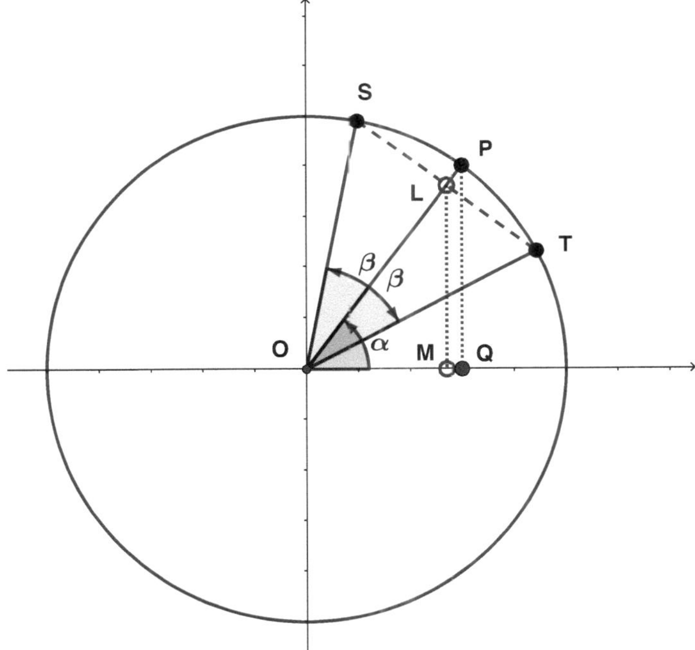

Abbildung 5 Additionstheorem und Strahlensatz

Es sei L Schnittpunkt von OP und ST. Dann sind die Dreiecke ΔLOS und ΔTOL nach SWS kongruent. Daher ist L die Mitte von S und T und hat die Koordinaten

$$L\left(\frac{\cos(\alpha-\beta)+\cos(\alpha+\beta)}{2};\frac{\sin(\alpha-\beta)+\sin(\alpha+\beta)}{2}\right).$$

Außerdem ist $\angle SLO = \angle TOL$ und wegen $\angle SLT = 180°$ sogar $\angle SLO = \angle TOL = 90°$. Damit ist auch das Dreieck ΔLOS rechtwinklig mit Hypotenuse 1, es ist also $|OL| = cos\beta$.

Eine zentrische Streckung von P an O mit dem Streckungsfaktor $|OL| = \cos\beta$ führt $P(\cos\alpha; \sin\alpha)$ in $L(\cos\beta\cdot\cos\alpha; \cos\beta\cdot\sin\alpha)$ über.

Ein Vergleich der Abszissen von L ergibt

$$\frac{\cos(\alpha-\beta)+\cos(\alpha+\beta)}{2} = \cos\beta\cdot\cos\alpha,$$

also die Behauptung. ■

Ergänzend sei noch darauf hingewiesen, dass eine einfache Substitution

$$\gamma = \alpha+\beta$$
$$\delta = \alpha-\beta$$

zur Variante

$$\cos(\gamma)+\cos(\delta) = 2\cos\frac{\gamma+\delta}{2}\cos\frac{\gamma-\delta}{2}$$

führt. Beide Additionstheoreme sind daher gleichwertig[3].

Damit benötigt man für eine elementare Beantwortung der Frage nach der Irrationalität von $\frac{1}{\pi}\arccos\frac{1}{3}$ nur wenige entscheidende Zutaten: die Teilbarkeitsregeln in der Menge der ganzen Zahlen, die zentrische Streckung / den Strahlensatz / die Ähnlichkeit; der Begriff von π ist nicht nötig, nicht einmal die Quadratwurzel von 2 ist nötig, auch kein Sinus oder trigonometrischer Pythagoras oder gar Additionstheoreme in einem weiteren Sinnzusammenhang. Bedenkt man, dass der Höhenfußpunkt eines regulären Tetraeders ebenfalls ohne Hilfe des Satzes von Pythagoras erreicht werden kann (es genügt die Kenntnis des Schnittpunktes der Seitenhalbierenden eines Dreiecks und ein Symmetrieargument), ist der in diesem Abschnitt (3.2) aufgezeigte elementarisierte Gedankengang bereits für interessierte Schülerinnen und Schüler der Sekundarstufe I grundsätzlich nachvollziehbar.

---

[3] Auf der Basis dieses elementarisierten und in der Geschichte der Mathematik sehr alten Additionstheorems lassen sich ebenso alle aus dem schulischen Unterricht bekannten Additionstheoreme für Sinus und Kosinus herleiten.

3.3 Ein algebraischer Zugang

Wir verwenden im Folgenden die Auffassung der Ebene als Gauß´sche Zahlenebene und machen Gebrauch von den komplexen Zahlen am Einheitskreis.

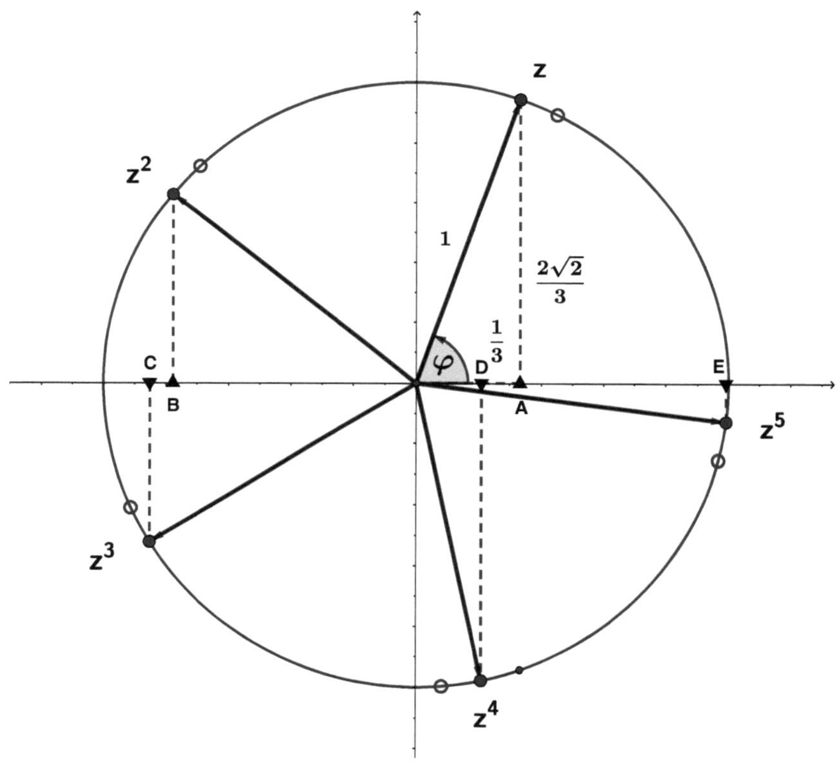

Abbildung 6 Situation in der Gauß´schen Zahlenebene

3.3.1 Experimentelle Betrachtung – Heuristik

Wir betrachten Abbildung 6. Dem Tetraederkantenwinkel $\varphi = \arccos\frac{1}{3} \approx 70{,}53°$ können wir die komplexe Zahl

$$z = \frac{1}{3} + \frac{2\sqrt{2}}{3}i$$

zuordnen. Den Vielfachen $n\,\varphi$ $(n > 1)$ ordnen wir die Potenzen z^n zu:

$$z^2 = \left(\frac{1}{3} + \frac{2\sqrt{2}}{3}i\right)^2 = \frac{1}{9} - \frac{8}{9} + \frac{4\sqrt{2}}{9}i$$

$$z^3 = \left(\frac{1}{3} + \frac{2\sqrt{2}}{3}i\right)^3 = \left(\frac{1}{3}\right)^3 - 3 \cdot \frac{1}{3} \cdot \left(\frac{2\sqrt{2}}{3}\right)^2 + \cdots i$$

$$z^4 = \left(\frac{1}{3} + \frac{2\sqrt{2}}{3}i\right)^4 = \left(\frac{1}{3}\right)^4 - \binom{4}{2}\left(\frac{1}{3}\right)^2 \cdot \left(\frac{2\sqrt{2}}{3}\right)^2 + \left(\frac{2\sqrt{2}}{3}\right)^4 + \cdots i$$

Wir verwenden im weiteren Verlauf unserer Untersuchungen die allgemeine binomische Formel.

3.3.2 Ein algebraisch-binomischer Beweis

Allgemein gilt mit Blick auf den Realteil von z^n:

$$z^n = \left(\frac{1}{3} + \frac{2\sqrt{2}}{3}i\right)^n = \sum_{k,\ k\ gerade} \binom{n}{k}\left(\frac{1}{3}\right)^{n-k} \cdot \left(\frac{2\sqrt{2}}{3}\right)^k \cdot i^k + \cdots i$$

Wir ziehen $\frac{1}{3}$ aus der Summe und erhalten

$$z^n = \left(\frac{1}{3}\right)^n \sum_{k,\ k\,gerade} \binom{n}{k} \cdot \left(2\sqrt{2}\right)^k \cdot i^k + \cdots i.$$

Wenn nun $\varphi = \arccos\frac{1}{3} \approx 70{,}53°$ ein rationales Vielfaches von π ist, dann gibt es ein n, so dass $n\varphi$ ein Vielfaches von 2π ist.

Das bedeutet $\qquad z^n = 1.$

Das bedeutet wiederum

$$\left(\frac{1}{3}\right)^n \sum_{k,\ k\,gerade} \binom{n}{k} \cdot \left(2\sqrt{2}\right)^k \cdot i^k = 1,$$

also

$$\sum_{k,\ k\,gerade} \binom{n}{k} \cdot \left(2\sqrt{2}\right)^k \cdot i^k = 3^n.$$

Wir analysieren die Summe

$$\sum_{k,\ k\,gerade} \binom{n}{k} \cdot \left(2\sqrt{2}\right)^k \cdot i^k.$$

Ein *erster* Blick gilt den Binomialkoeffizienten, die sich mit dem Pascal´schen Dreieck elementar ermitteln lassen.

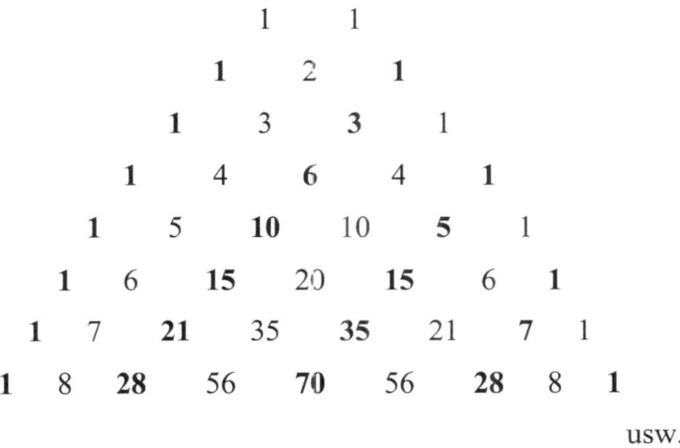

Abbildung 7 Pascal'sches Dreieck

Wir sehen, dass gilt:

$$\sum_{k,\ k\ gerade} \binom{n}{k} = 2^{n-1}$$

Für ungerades n verwundert dies nicht, da ja bekanntlich

$$\sum_{k} \binom{n}{k} 1 \cdot 1 = 2^{n}$$

ist und wir durch die Betrachtung der geraden Koeffizienten genau die Hälfte dieser Summe abgreifen.

Da diese Beobachtung nur für ungerades n offensichtlich ist, zeigen wir sie noch für gerades n (durch geschickte Addition der Null).

Lemma. Für jede natürliche Zahl $n > 0$ gilt:

$$\sum_{k,\ k\ gerade} \binom{n}{k} = 2^{n-1}$$

Beweis. Wir haben

$$2^n = (1+1)^n + (1-1)^n$$

und damit

$$2^n = \sum_k \binom{n}{k} 1 \cdot 1^k + \sum_k \binom{n}{k} 1 \cdot (-1)^k.$$

Nun fassen wir zu Summen zusammen und gruppieren die Summanden um. Das ergibt:

$$2^n = \sum_{k,\ k\ gerade} \binom{n}{k} 1 \cdot 1^k + 1 \cdot (-1)^k$$
$$+ \sum_{k,\ k\ ungerade} \binom{n}{k} 1 \cdot 1^k + 1 \cdot (-1)^k$$

Offensichtlich verschwindet jeder Summand der zweiten Summe. Daher ist

$$2^n = \sum_{k,\ k\ gerade} \binom{n}{k} 1 \cdot 1^k + 1 \cdot (-1)^k = \sum_{k,\ k\ gerade} \binom{n}{k} \cdot 2,$$

woraus die Behauptung ersichtlich ist. ■

Ein *zweiter* Blick gilt den Summanden

$$\left(2\sqrt{2} \cdot i\right)^k.$$

Hier sehen wir, dass sich die Folge

$$1, -8, 64, \ldots$$

ergibt. Alle Folgenglieder sind $\equiv 1 \; mod \; 3$. Diese wichtige Eigenschaft halten wir fest.

Lemma. Es gilt für $k \; gerade, \; k > 0$

$$\left(2\sqrt{2} \cdot i\right)^k \equiv 1 \; mod \; 3.$$

Beweis. Für $k = 2$ gilt:

$$\left(2\sqrt{2} \cdot i\right)^2 = 8 \cdot (-1) \equiv 1 \; mod \; 3$$

Nun lässt sich für beliebiges gerades k die Potenz $\left(2\sqrt{2} \cdot i\right)^k$ als Produkt aus den Faktoren $\left(2\sqrt{2} \cdot i\right)^2$ darstellen und wir erhalten mit den Regeln der Restklassenmultiplikation

$$\left(2\sqrt{2} \cdot i\right)^k \equiv 1 \cdot 1 \cdot 1 \cdot \ldots \; mod \; 3,$$

also die Behauptung. ■

Wir sind damit am Ziel und können das Ergebnis formulieren.

Satz. Es gibt keine natürliche Zahl n, so dass gilt:

$$\left(\frac{1}{3} + \frac{2\sqrt{2}}{3} i\right)^n = 1$$

Beweis. Wir führen einen Widerspruchsbeweis und nehmen an, dass es eine natürliche Zahl n gibt mit

$$\left(\frac{1}{3}+\frac{2\sqrt{2}}{3}i\right)^n = 1$$

oder

$$\left(1+2\sqrt{2}i\right)^n = 3^n.$$

Da die rechte Seite der Gleichung reell ist, können wir uns auf den Realteil der linken Seite beschränken.

Wir erhalten unter Verwendung der allgemeinen binomischen Formel:

$$\sum_{k,\ k\ gerade} \binom{n}{k} \cdot \left(2\sqrt{2}\cdot i\right)^k = 3^n \qquad (*)$$

Nun können wir uns auf die Restklassen $mod\ 3$ konzentrieren und erhalten unter Beachtung des Lemmas:

$$\sum_{k,\ k\ gerade} \binom{n}{k} \cdot \left(2\sqrt{2}\cdot i\right)^k \equiv \sum_{k,\ k\ gerade} \binom{n}{k} \cdot 1 \ \ mod\ 3$$

$$= \sum_{k,\ k\ gerade} \binom{n}{k} \ \ mod\ 3$$

Und dies können wir vereinfachen zu (Abbildung 7)

$$2^{n-1}\ \ mod\ 3.$$

Damit ist die linke Seite von $(*)$ nicht durch 3 teilbar, während die rechte Seite trivialerweise durch 3 teilbar ist. Dies ist ein Widerspruch zur Annahme, der Satz ist daher bewiesen. ■

Dieser algebraisch-binomische Beweis ist ebenfalls wie der in Abschnitt 3.1 vorgestellte und in Abschnitt 3.2.4 generalisierte Beweis auf Kosinuswerte der Bauart $\frac{\sqrt{m}}{\sqrt{n}}$ (n, m wie in Abschnitt 3.2.4, m gerade) verallgemeinerbar. Die Ausführung bleibt dem Leser überlassen.

3.3.3 Ein algebraisch-rekursiver Beweis

In einem weiteren Zugang können wir Realteil und Imaginärteil von z^n auch rekursiv betrachten.

Wir nähern uns der Fragestellung wieder experimentell:

$$3\,z = 1 + 2\sqrt{2}\,i$$

$$3^2 z^2 = \left(1 + 2\sqrt{2}\,i\right)^2 = \left(1 + 2\sqrt{2}\,i\right)\cdot\left(1 + 2\sqrt{2}\,i\right)$$

$$= 1 - 2\sqrt{2}\cdot 2\sqrt{2} + 2\cdot 2\sqrt{2}i$$

$$3^3 z^3 = \left(1 + 2\sqrt{2}\,i\right)^3 = \left(1 - 2\sqrt{2}\cdot 2\sqrt{2} + 2\cdot 2\sqrt{2}i\right)\left(1 + 2\sqrt{2}\,i\right)$$

$$= 1 - 2\sqrt{2}\cdot 2\sqrt{2} - 2\cdot 2\sqrt{2}\cdot 2\sqrt{2}$$

$$+ \left(1 - 2\sqrt{2}\cdot 2\sqrt{2}\right)2\sqrt{2}\,i + 2\cdot 2\sqrt{2}i$$

$$3^4 z^4 = \cdots$$

Wir bezeichnen den Realteil von z^n mit $Re(n)$ und den Imaginärteil von z^n mit $Im(n)$. Dann gilt das

Lemma.

$Re(n)$ ist ganzzahlig und nicht durch 3 teilbar.

$Im(n)$ ist ein ganzzahliges Vielfaches von $\sqrt{2}$, dessen Koeffizient nicht durch 3 teilbar ist.

Beweis. Dies zeigen wir durch Induktion.
Die Behauptung ist offensichtlich richtig für $n = 1$.
Unter der Annahme, dass die Behauptung für n richtig ist, haben wir für $n + 1$:

$$z^{n+1} = (Re(n) + Im(n)i) \cdot \left(1 + 2\sqrt{2}\, i\right)$$
$$= Re(n) - Im(n) \cdot 2\sqrt{2} + Im(n)\, i + Re(n) \cdot 2\sqrt{2}\, i$$

Damit ist

$$Re(n+1) = Re(n) - Im(n) \cdot 2\sqrt{2}.$$

Nun ist nach Induktionsannahme $Re(n)$ ganzzahlig und nicht durch 3 teilbar, und es ist auch $Im(n) \cdot 2\sqrt{2}$ das Vierfache eines ganzzahligen Faktors, der nicht durch 3 teilbar ist. Daher ist die Summe ebenfalls ganzzahlig und nicht durch 3 teilbar. Dies ist der erste Teil der Behauptung.
Ferner ist

$$Im(n+1) = Im(n) + Re(n) \cdot 2\sqrt{2}.$$

Da wiederum nach Induktionsannahme $Im(n)$ ein ganzzahliges Vielfaches von $\sqrt{2}$ ist, dessen Koeffizient nicht durch 3 teilbar ist, haben wir in der Summe ein ganzzahliges Vielfaches von $\sqrt{2}$ mit einem Koeffizienten, der nicht durch 3 teilbar ist. ■

Mit diesen Hilfsmitteln können wir den folgenden Satz nun ganz einfach zeigen.

Satz. Es gibt keine natürliche Zahl n, so dass gilt:

$$\left(\frac{1}{3}+\frac{2\sqrt{2}}{3}i\right)^n = 1$$

Beweis. Wir formulieren einen Widerspruchsbeweis und nehmen das Gegenteil an.
Es gibt ein n, das die Bedingung

$$\left(\frac{1}{3}+\frac{2\sqrt{2}}{3}i\right)^n = 1$$

erfüllt.
Dann gilt:

$$\left(1+2\sqrt{2}i\right)^n = 3^n$$

Nach dem Lemma ist jedoch der Realteil der linken Seite $Re(n)$ ganzzahlig und nicht durch 3 teilbar, was im Widerspruch zur rechten Seite steht. Die Annahme ist falsch, der Satz damit bewiesen. ■

3.3.4 Interpretation

Eine Betrachtung des algebraisch-rekursiven Beweises zeigt ein schönes Déjà-vu im Hinblick auf den Beweis in 3.1. Die Trennung in

Realteil und Imaginärteil lässt dabei sogar eine einstufige Rekursion zu. Umgekehrt sehen wir, dass eine Elementarisierung der komplexen Zahlen mit Hilfe der Trigonometrie eine zweistufige Rekursion im Reellen erfordert.

Ein Vergleich mit dem algebraisch-binomischen Beweis zeigt, dass sogar auf das Mittel der Rekursion verzichtet werden kann. Denn die Einzelsummanden lassen sich auch elementar mit Hilfe der binomischen Formel ausrechnen. Das Entscheidende vollzieht sich dabei an den geraden Potenzen von $2\sqrt{2}i$; sie haben immer den Rest $1 \; mod \; 3$ und gewährleisten mit den Binomialkoeffizienten die beweisentscheidende Nichtteilbarkeit der Summe durch 3.

In didaktischer Hinsicht erkennen wir unterschiedliche Ebenen der Elementarisierung, die kategoriale Bildungsinhalte nach der Theorie Klafkis in verschiedener Erkenntnistiefe erschließen. Eine detaillierte Betrachtung dieses Aspektes mit Blick auf die Erstellung von Unterrichtskonzepten für eine personorientierte Begabungsförderung findet man in der Dissertation (Leppmeier, 2019).

4 Bedeutung der Irrationalität von $\frac{1}{\pi}\arccos\frac{1}{3}$ für das dritte Hilbert´sche Problem

Das dritte Hilbert´sche Problem bezeichnet die grundlegende Fragestellung, ob es zwei Polyeder mit gleichem Volumen gibt, die nicht zerlegungsgleich sind (Hilbert, 1900) (Kirchgraber, 2016). Nachdem diese Frage lange ungelöst war, gelang Dehn 1900 ein strenger Unmöglichkeitsbeweis: Würfel und volumengleiches reguläres Tetraeder sind nicht zerlegungsgleich (Dehn, 1900). Für den Beweis spielt die Irrationalität von $\frac{1}{\pi}\arccos\frac{1}{3}$ eine wesentliche Rolle (Aigner, et al., 2015) (Aigner, et al., 2000) (Benko, 2007) (Wittmann, 2012) (Leppmeier, 2019).

Zur Einordnung der Thematik und zum besseren Verständnis skizzieren wir hier den wesentlichen Gedankengang für die Nichtzerlegungsgleichheit von Würfel und regulärem Tetraeder, wie er beispielweise in dem Aufsatz (Leppmeier, 2019) dargestellt ist.

Wir beginnen mit der Definition für die Zerlegungsgleichheit von Polyedern.

Definition. Zwei Polyeder P und Q heißen *zerlegungsgleich*, wenn es je eine Zerlegung für P und für Q gibt mit $P = P_1 \cup P_2 \cup \ldots \cup P_n$ und $Q = Q_1 \cup Q_2 \cup \ldots \cup Q_n$, so dass P_i kongruent ist zu Q_i für alle $1 \leq i \leq n, n \in \mathbb{N}$.

Nun kann man eine Zerlegung von P in ein Sortiment aus Teilpolyedern betrachten. Sie enthält neben den Ecken des Ausgangspolyeders P auch noch weitere Zerlegungsecken im Inneren von P, auf den Facetten (Flächen) von P und im Inneren der Kanten von P. Betrachtet man anstelle der Kantenwinkel der Teilpolyeder das doppelte Maß der Kantenwinkel, kann man stattdessen die Flächen der Kugeldreiecke (Kugelvielecke) an den Ecken der Teilpolyeder untersuchen (ebd.). Sie summieren sich im Inneren auf zu einer Vollkugel, auf den Facetten zu einer Halbkugel und im Inneren einer Kante zu einem Kugelzweieck.

Das bedeutet für ein reguläres Tetraeder, dass man es im Wesentlichen mit endlich vielen Kugelzweiecken in den Tetraederkanten zu tun hat. Ihr Flächeninhalt ist ein ganzzahliges Vielfaches des Tetraederkantenwinkels.

Das bedeutet entsprechend für einen Würfel, dass man es ebenfalls mit endlich vielen Kugelzweiecken in den Würfelkanten zu tun hat. Ihr Flächeninhalt ist ein ganzzahliges Vielfaches eines Würfelkantenwinkels.

In jedem Fall hat man beim Würfel für alle entstehenden Kugelvielecksflächen der Zerlegung ein rationales Vielfaches von π.

Dagegen hat man beim Tetraeder für alle entstehenden Kugelvielecksflächen im Inneren oder auf den Facetten ebenfalls ein rationales Vielfaches von π, jdoch bei den Kugelzweiecksflächen an den Tetraederkanten ein irrationales Vielfaches von π, wenn $\frac{1}{\pi}\arccos\frac{1}{3}$ irrational ist.

Da dies der Fall ist, können Würfel und reguläres Tetraeder nicht zerlegungsgleich sein.

Für den Vergleich zweier beliebiger Polyeder kann man den allgemeinen Satz von Dehn-Hadwiger bzw. die sog. Bricard-Bedingung zeigen.

Satz (Dehn-Hadwiger, „Bricard"-Bedingung).

Es seien P und Q zwei Polyeder mit Kantenwinkeln $\alpha_1, \alpha_2, \dots, \alpha_p$ bzw. $\beta_1, \beta_2, \dots, \beta_q$.

Wenn es keine natürlichen Zahlen $m_1, m_2, \dots, m_p$ und $n_1, n_2, \dots, n_q$ gibt, so dass

$$\sum_i m_i \cdot \alpha_i \; - \; \sum_j n_j \cdot \beta_j \; = \; n_\pi \pi$$

für ein ganzzahliges n_π gültig ist,

dann sind P und Q nicht zerlegungsgleich.

Wir erkennen, dass die Irrationalität von $\frac{1}{\pi}\arccos\frac{1}{3}$ in Verbindung mit der endlichen Anzahl von Zerlegungspolyedern ein sehr starkes Argument für die Nichtzerlegungsgleichheit von Würfel und regulärem Tetraeder darstellt.

In jedem Fall erkennen wir, dass die Zahl $\frac{1}{\pi}\arccos\frac{1}{3}$ untrennbar mit dem dritten Hilbert´schen Problem verbunden ist.

In ähnlicher, noch elementarerer Weise ist $\sqrt{2}$ mit der Inkommensurabilität von Diagonale und Seite eines Quadrates verbunden. Das bedeutet anschaulich: Zwei Menschen mit Schrittlänge 1 bzw. $\sqrt{2}$ werden sich nach einem gemeinsamen Startpunkt nie auf die Füße treten, egal wie schnell oder langsam jeder läuft (die Füße sind in diesem Gedankenspiel als Punkte angenommen). Wir haben in 3.2.3 bereits gesehen, dass man einen Walzer nach dem Schema von $\frac{1}{\pi}\arccos\frac{1}{3}$ beliebig lange tanzen kann, ohne dass sich das Parkett abnutzt. Insofern haben wir hier zwei Paradoxien des Unendlichen, die auf der Irrationalität von Zahlen basieren.

5 Zusammenfassung - Resümee

Im Zentrum der Arbeit stand der Tetraederkantenwinkel

$$\arccos\frac{1}{3} \approx 70{,}53°.$$

Er ist der Komplementärwinkel zum aus der Chemie bekannten Tetraederwinkel (109,47°), oder auch zu einem Oktaederkantenwinkel (Leppmeier, 2019).

In den ersten beiden Kapiteln wurden Thematik und Fragestellung eröfffnet: Der Tetraederkantenwinkel wurde als Mittelpunktswinkel am Einheitskreis verortet und die zentrale Leitfrage formuliert: Ist der Tetraederkantenwinkel ein rationaler oder ein irrationaler Bruchteil eines Vollwinkels bzw. gestreckten Winkels?

Nach der Vorstellung eines eleganten Beweises in Abschnitt 3.1 wurden im weiteren Verlauf des Kapitels 3 eine geometrisch-trigonometrische und zwei algebraische Elementarisierungs-möglichkeiten erarbeitet und diskutiert. Die vorgestellten Unterrichtskonzepte können in der personorientierten Förderung für begabte Schüler der Sekundarstufe II bis hin zu Studenten im Anfangssemester eingesetzt werden.

In diesem Rahmen gelang eine weitergehende Verallgemeinerung der Frage der Irrationalität von $\frac{1}{\pi}\arccos\frac{\sqrt{m}}{\sqrt{n}}$ ebenso wie ein Elementarisierungspfad, der ohne Additionstheoreme auskommt.

In Kapitel 4 wurde der Zusammenhang mit der Frage der Zerlegungsgleichheit von Polyedern (drittes Hilbert´sches Problem) skizziert: Wegen der Irrationalität von $\frac{1}{\pi}\arccos\frac{1}{3}$ sind Würfel und reguläres Tetraeder nicht zerlegungsgleich.

6 Literaturverzeichnis

Aigner, Martin und Ziegler, Günter M. 2015. *Das BUCH der Beweise.* 4. Auflage. Berlin : Springer, 2015.

—. 2000. *Proofs from the BOOK.* Berlin : Springer, 2000.

Benko, David. 2007. A New Approach to Hilbert's Third Problem. *The American Mathematical Monthly.* 2007, Bd. 114, S. 665–676 .

Beutelspacher, Albrecht und Petri, Bernhard. 1996. *Der Goldene Schnitt.* Wiesbaden : Vieweg+Teubner , 1996.

Beutelspacher, Albrecht. 2015. *Wie man in eine Seifenblase schlüpft - DIE WELT DER MATHEMATIK IN 100 EXPERIMENTEN.* München : C.H. Beck, 2015.

Bruder, Regina, et al., [Hrsg.]. 2015. *Handbuch der Mathematikdidaktik.* Berlin : Springer, 2015.

Dehn, Max. 1902. Über den Rauminhalt. *Mathematische Annalen.* 1902, Bd. 55, S. 465-478.

—. 1900. Über raumgleiche Polyeder. *Nachrichten von der Gesellschaft der Wissenschaften zu Göttingen, Mathematisch-physikalische Klasse aus dem Jahre 1900.* 1900, Bd. 3, S. 345-354.

Gardner, Howard. 1993. Multiple Intelligences: In a Nutshell. [Online] 1993. [Zitat vom: 19. 12 2017.] http://www.pz.harvard.edu/resources/multiple-intelligences-in-a-nutshell.

Gauss, Carl Friedrich und Gerling, Christian Ludwig. 1927. *Briefwechsel zwischen Carl Friedrich Gauss und Christian Ludwig Gerling.* [Hrsg.] Clemens Schaefer. Berlin : Elsner, 1927.

Gruber, Peter M. 2007. *Convex and Discrete Geometry.* Berlin Heidelberg : Springer, 2007.

Hilbert, David. 1900. Mathematische Probleme. *Nachrichten von der Königl. Gesellschaft der Wissenschaften zu Göttingen. Mathematisch-physikalische Klasse aus dem Jahre 1900.* 1900, Bd. 3, S. 253-297.

Kirchgraber, Urs. 2016. Mathematik - das unerkannte Vergnügen. [Online] 2016. [Zitat vom: 27. Januar 2018.] http://vsmp.ch.

Leppmeier, Max. 2019. Drittes Hilbert´sches Problem und Dehn-Invariante - Eine Elementarisierung mit Kugeldreiecken. *El. Math.* 2019, erscheint demnächst.

—. 2019. *Mathematische Begabungsförderung am Gymnasium.* Wiesbaden : Springer Spektrum, 2019.

Ruf, Urs und Gallin, Peter. 2014. *Dialogisches Lernen in Sprache und Mathematik - Austausch unter Ungleichen.* 5. Auflage. Seelze : Kallmeyer in Verbindung mit Klett, 2014. Bd. 1.

—. 2014. *Dialogisches Lernen in Sprache und Mathematik - Spuren legen, Spuren lesen.* 5. Auflage. Seelze : Kallmeyer in Verbindung mit Klett, 2014. Bd. 2.

Sydler, J.-P. 1965. Conditions nécessaires et suffisantes pour l'équivalence des polyèdres de l'espace euclidien à trois dimensions. *Comment. Math. Helv.* 1965, Bd. 40, S. 43-80.

Ulm, Volker. 2018. *Mathematische Begabung - Ein fachbezogenes Modell. Skript zur Vorlesung "Mathematik Lehren und Lernen".* Bayreuth : s.n., 2018.

Wagenschein, Martin. 1988. *Naturphänomene sehen und verstehen - Genetische Lehrgänge.* 2. Auflage. Stuttgart : Ernst Klett, 1988.

Weigand, Gabriele und Gräbner, Jürgen. 2017. eVOCATIOn Weiterbildung Begabungs-und Begabtenförderung. [Online] 2017. [Zitat vom: 1. Dezember 2017.] http://www.ewib.de.

Wittmann, Erich Ch. 2012. Elementarisierung von Benkos Lösung des 3. Hilbertschen Problems. *Elem. Math.* . 2012, Bd. 67, S. 45 - 50.

Printed by Books on Demand GmbH, Norderstedt / Germany